RISHABH ARORA

Investigação paramétrica de betão com sílica de fumo

RISHABH ARORA

Investigação paramétrica de betão com sílica de fumo

ScienciaScripts

Imprint
Any brand names and product names mentioned in this book are subject to trademark, brand or patent protection and are trademarks or registered trademarks of their respective holders. The use of brand names, product names, common names, trade names, product descriptions etc. even without a particular marking in this work is in no way to be construed to mean that such names may be regarded as unrestricted in respect of trademark and brand protection legislation and could thus be used by anyone.

Cover image: www.ingimage.com

This book is a translation from the original published under ISBN 978-620-7-46903-1.

Publisher:
Sciencia Scripts
is a trademark of
Dodo Books Indian Ocean Ltd. and OmniScriptum S.R.L publishing group

120 High Road, East Finchley, London, N2 9ED, United Kingdom
Str. Armeneasca 28/1, office 1, Chisinau MD-2012, Republic of Moldova, Europe
Printed at: see last page
ISBN: 978-620-7-79590-1

RESUMO

A sílica de fumo, um subproduto da indústria de ligas de silício e ferrosilício, surgiu como um material suplementar crucial na produção de betão. Este documento apresenta uma análise exaustiva das propriedades e aplicações da sílica de fumo na tecnologia do betão.

A sílica de fumo, caracterizada pelo seu tamanho de partícula ultrafino e natureza amorfa, apresenta propriedades únicas que melhoram significativamente o desempenho do betão. A sua reação pozolânica com hidróxido de cálcio leva à formação de hidratos adicionais de silicato de cálcio (C-S-H), melhorando assim a resistência do betão, a durabilidade e a resistência química. Além disso, a sílica de fumo contribui para reduzir a permeabilidade, aumentar a densidade e melhorar a trabalhabilidade das misturas de betão.

A incorporação de sílica de fumo no betão oferece inúmeras vantagens, incluindo propriedades mecânicas melhoradas, como a resistência à compressão, à tração e à flexão. Além disso, a sílica de fumo atenua os efeitos prejudiciais da reação álcali-sílica (ASR) e do ataque de sulfato, prolongando assim a vida útil das estruturas de betão em ambientes agressivos.

Além disso, este livro aborda várias aplicações da sílica de fumo no betão, desde o betão de alto desempenho para projectos de infra-estruturas até ao betão auto-compactável para aplicações arquitectónicas. A sílica de fumo é também utilizada na produção de betão de ultra-alto desempenho (UHPC), que apresenta propriedades mecânicas e durabilidade excepcionais.

Em conclusão, a sílica de fumo representa um aditivo versátil e eficaz na tecnologia do betão, oferecendo uma solução sustentável para melhorar o desempenho e a longevidade das estruturas de betão. A investigação e a inovação contínuas na utilização da sílica de fumo são promissoras para o avanço do campo dos materiais de betão e das práticas de construção

ÍNDICE DE CONTEÚDOS

RESUMO 1

CAPÍTULO 1 INTRODUÇÃO 3

CAPÍTULO 2 REVISÃO DA LITERATURA: 12

CAPÍTULO 3 MATERIAIS UTILIZADOS 19

CAPÍTULO 4 ENSAIO DOS MATERIAIS UTILIZADOS 22

CAPÍTULO 5 RESULTADOS DOS ENSAIOS COM OS MATERIAIS UTILIZADOS 37

CAPÍTULO 6 SIMULAÇÃO E ANÁLISE DE RESULTADOS 45

CAPÍTULO 7 CONCLUSÃO 53

CAPÍTULO 8 ÂMBITO FUTURO 54

REFERÊNCIAS 55

CAPÍTULO 1
INTRODUÇÃO

1.1GERAL

O betão é o material mais utilizado na construção. O betão é um material que pode ser moldado em qualquer forma. É um material compósito constituído por uma mistura de cimento e agregados que endurece com o tempo. O betão é basicamente constituído por três componentes: água, agregados e cimento Portland. Uma reação química chamada hidratação ocorre na mistura de betão, o que a torna dura e ajuda a desenvolver resistência e durabilidade e a forma de rocha. Hoje em dia, são adicionados ao betão diferentes tipos de materiais conhecidos como pozolanas para melhorar as suas qualidades, como a trabalhabilidade, a resistência, a durabilidade, etc. Estes materiais são naturais e alguns são fabricados artificialmente. Alguns dos pozolantes naturais são argilas e xistos, cherts de opalina, terra de diatomáceas, tufos vulcânicos e pumicites, etc. e alguns dos pozolantes artificiais são cinzas volantes, escória de alto-forno, sílica ativa, cinza de casca de arroz, metacaolina, surkhi, etc. Outros aditivos minerais como o granito, o mármore finamente moído e o pó de quartzo são também utilizados por vezes no betão para melhorar as suas propriedades. Os pozolanos naturais, como argilas e xistos, pedras de opalina, terra de diatomáceas, precisam de ser moídos e, por vezes, calcinados para serem activados e apresentarem propriedades pozolânicas. Os pozolanas artificiais são mais utilizados hoje em dia porque estão facilmente disponíveis e são mais económicos, uma vez que estes materiais são normalmente resíduos industriais que são muito difíceis de eliminar. Estes materiais são utilizados para formar betão de elevado desempenho (HPC).

1.2 BETÃO DE ELEVADO DESEMPENHO

O betão de elevado desempenho é um termo utilizado para designar a mistura de betão que possui elevada resistência, trabalhabilidade e elevado módulo de elasticidade, elevada densidade e resistência ao ataque químico. Há muita confusão entre betão de alta resistência (HSC) e betão de alto desempenho (HPC), embora o betão de alto desempenho seja também betão de alto desempenho, mas tem mais algumas qualidades. Uma redução da qualidade da água de mistura resultará na produção de betão de alta resistência, enquanto uma redução da relação a/c resultará na formação de betão de alto desempenho. Para melhorar as qualidades do betão, são adicionados fumos de sílica à mistura para obter uma resistência superior a 80MPa, mas a adição de fumos de sílica resulta num aumento da necessidade de água, mas revela-se muito eficaz para melhorar a resistência e a durabilidade da mistura de betão.

O betão de elevado desempenho (HPC) excede as propriedades e a capacidade de construção do betão normal. São utilizados materiais normais e especiais para fabricar estes betões especialmente concebidos que devem cumprir uma combinação de requisitos de desempenho. Podem ser necessárias práticas especiais de mistura, colocação e cura para produzir e manusear o betão de elevado desempenho. O betão de elevado desempenho tem sido utilizado principalmente em túneis, pontes e edifícios altos devido à sua resistência, durabilidade e elevado módulo de elasticidade. Também tem sido utilizado na reparação de betão projetado, postes, parques de estacionamento e aplicações agrícolas. As características do betão de elevado desempenho são desenvolvidas para aplicações e ambientes específicos; algumas das propriedades que podem ser necessárias incluem:

- Alta resistência
- Elevada resistência inicial
- Elevado módulo de elasticidade
- Elevada resistência à abrasão
- Alta durabilidade e longa vida útil em ambientes severos
- Baixa permeabilidade e difusão
- Resistência ao ataque químico
- Elevada resistência aos danos provocados pela geada e pelo degelo
- Dureza e resistência ao impacto
- Estabilidade do volume
- Facilidade de colocação
- Compactação sem segregação
- Inibição do crescimento de bactérias e bolores

Os betões de elevado desempenho são fabricados com ingredientes de alta qualidade cuidadosamente seleccionados e com misturas optimizadas; são misturados, colocados, compactados e curados de acordo com os mais elevados padrões da indústria. Normalmente, estes betões têm um rácio baixo de água e materiais de cimento de 0,20 a 0,45. Os plastificantes são normalmente utilizados para tornar estes betões fluidos e trabalháveis. O betão de elevado desempenho tem quase sempre uma resistência superior à do betão normal.

No entanto, a resistência nem sempre é a principal propriedade exigida. Por exemplo, um betão de resistência normal com uma durabilidade muito elevada e uma permeabilidade muito baixa é considerado como tendo propriedades de elevado desempenho.

As propriedades que podem ser seleccionadas para o betão de elevado desempenho são enumeradas no Quadro 1. Nem todas as propriedades podem ser alcançadas ao mesmo tempo. Idealmente, as especificações do betão de elevado desempenho devem ser orientadas para o desempenho.

Quadro 1: Exemplos de misturas de betão de elevado desempenho utilizadas numa variedade de estruturas e respectivas propriedades desejadas.

Material	**Contribuição principal/ Propriedade desejada**
Cimento Portland	Material de cimentação/durabilidade
Cimento misturado	Material de cimentação/durabilidade/alta resistência
Cinzas volantes	Material de cimentação/durabilidade/alta resistência
Escória	Material de cimentação/durabilidade/alta resistência
Sílica de fumo	Material de cimentação/durabilidade/alta resistência
Argila calcinada	Material de cimentação/durabilidade/alta resistência
Metacaulino	Material de cimentação/durabilidade/alta resistência
Xisto calcinado	Material de cimentação/durabilidade/alta resistência
Superplastificantes	Fluidez
Redutores de água de alta gama	Reduzir o rácio água/cimento
Adjuvantes de controlo da hidratação	Regulação do controlo
Retardadores	Regulação do controlo

Aceleradores	Definição da aceleração
Inibidores de corrosão	Controlo da corrosão do aço
Redutores de água	Reduzir o teor de cimento e água
Redutores de retração	Reduzir o encolhimento
Inibidores de ASR	Controlo da reatividade álcali-sílica
Modificadores de polímeros/látex	Durabilidade
Agregado com classificação óptima	Melhorar a trabalhabilidade e reduzir a necessidade de pasta

1.3 ADMIXTURES

O aditivo é definido como o material, para além do cimento, da água e dos agregados, que é utilizado como ingrediente do betão e que é adicionado ao betão imediatamente antes ou durante a mistura. Aditivos é um material que é adicionado no momento da moagem do clínquer de cimento na fábrica de cimento. .

Hoje em dia, o betão é utilizado para diversos fins, em diferentes condições. Nestas condições, o betão pode ser utilizado para fins diversos, adequados a diferentes condições. Nesses casos, a mistura é utilizada para modificar as propriedades do betão comum, de modo a torná-lo mais adequado para qualquer situação.

1.3.1 ADITIVOS POZOLÂNICOS OU MINERAIS

A utilização de materiais pozolânicos é tão antiga como a arte da construção do betão. Foi reconhecido há muito tempo que as pozolanas adequadas, usadas em quantidades apropriadas, modificavam certas propriedades das argamassas e betões frescos e endurecidos. Os gregos e os romanos antigos dividiram finalmente certos materiais siliciosos que, quando misturados com cal, produziam materiais de cimentação com propriedades hidráulicas e os materiais de cimentação eram utilizados na construção de aquedutos, arcos, pontes, etc.

Após o desenvolvimento do cimento natural durante a última parte do século XVIII, o cimento pertinente no início do século XIX, a prática da utilização de pozolanas diminuiu, mas em tempos mais recentes, as pozolanas têm sido amplamente utilizadas na Europa, EUA e Japão, como um ingrediente do betão de cimento Portland, particularmente para estruturas marítimas e hidráulicas.

Foi amplamente demonstrado que a melhor mistura de porcelana em proporções óptimas com cimento Portland melhora muitas qualidades do betão, tais como :

1. Reduzir o calor de hidratação e a contração térmica.
2. Aumentar a estanquidade à água.
3. Reduzir a reação do agregado alcalino.
4. Melhorar a resistência ao ataque de solos sulfatados na água do mar.
5. Melhorar a trabalhabilidade.
6. Custos mais baixos.

Para além destas vantagens, contrariamente à opinião geral, os bons pozolanos não aumentam indevidamente as necessidades de água na retração por secagem.

Os materiais pozolânicos podem ser divididos em dois grupos: A pozolana natural e a pozolana artificial.

Pozolana natural :

1. Argila e xistos
2. Quercos de opalino
3. Terra de diatomáceas
4. Tufos vulcânicos e pumicites

Pozolana artificial :

1. Cinzas volantes
2. Escória de alto-forno
3. Fumo de sílica
4. Cinzas de casca de arroz
5. Metacaolina
6. Surkhi

1.4 FUMOS DE SÍLICA

A sílica de fumo é um material pozolânico artificial que é utilizado na mistura de betão para melhorar as suas propriedades, como a durabilidade e a resistência. A sílica de fumo é um subproduto da produção de silício e de ligas de ferrosilício. A sílica de fumo é um material muito fino constituído por vidro amorfo muito mais fino, de forma esférica, com um diâmetro de cerca de 0,10 a 0,15 mm. Materiais como quartzo, aparas de madeira e carvão são utilizados no fabrico de silício ou ferrossilício quando aquecidos a **2000°C**. A micro-sílica é formada pela produção de gás SiO no forno na presença de oxigénio, produzindo assim SiO_2 que é a maior parte do fumo produzido no forno. Em seguida, é condensada e recolhida sob a forma de partículas ultra-esféricas e é designada por fumos de sílica. É então processada para remover as impurezas e o tamanho das partículas é controlado. Os requisitos químicos dos fumos de sílica são apresentados no quadro 2.

Quadro 2: Propriedades químicas dos fumos de sílica de acordo com a norma IS 15388 : 2003

S.N.	Características	Requisitos
1.	SiO_2 percentagem em massa , Min	85.0
2.	Teor de humidade , percentagem em massa , Max	3.0
3.	Perda na ignição , percentagem por massa , Max	4.0
4.	Alcalinos como Na_2O , percentagem Max	1.5

Os requisitos físicos dos fumos de sílica são apresentados no quadro 3.

Quadro 3: Requisitos físicos dos fumos de sílica de acordo com a norma IS 15388 : 2003

S.N.	Características	Requisito
1.	Superfície específica , m^2 /g , Min	15
2.	Percentagem de tamanho superior retido no peneiro IS de 45 mícrones, máx.	10
3.	Percentagem de tamanho excessivo retido no peneiro IS de 45 mícrones, variação em relação à percentagem média, máx.	5
4.	Resistência à compressão aos 7 dias em percentagem da amostra de controlo , Min	85

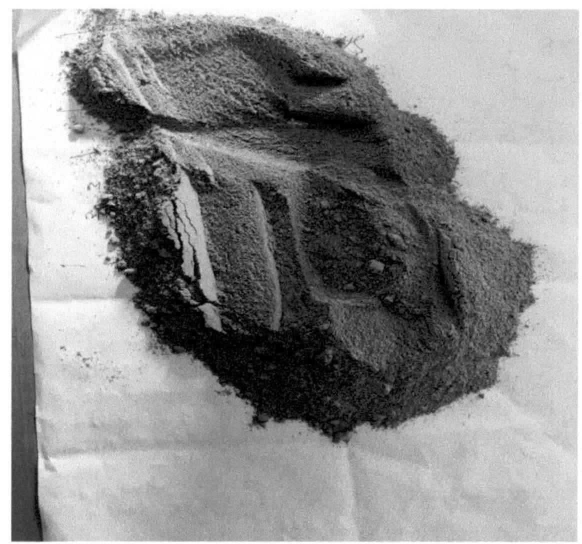

Figura 1: Fumos de sílica

1.4.1 CENÁRIO INDIANO

A sílica de fumo tornou-se um dos ingredientes necessários para a produção de betão de alta resistência e alto desempenho. Na Índia, a sílica de fumo não era muito utilizada no passado. Mas agora, está a ser utilizada em quase todos os grandes projectos em que a resistência do betão é de 50 MPa ou mais.

Seguem-se alguns dos principais projectos em que a sílica de fumo é utilizada em grande quantidade na Índia.

- Projectos de energia nuclear de Kaiga e Rajasthan
- Projeto de energia atómica de Tarapur
- Viaduto do Hospital JJ
- Ponte marítima Bandra-Worli em Mumbai
- Projectos de energia hidroelétrica de Nathpa jhakri
- Projectos de energia hidroelétrica da Tata
- Edifício de grande altura em Sri Ram Mills em Mumbai
- Edifícios altos da Indiabulls Real estate Co. em Mumbai

- A vantagem da sílica de fumo está a ser reconhecida pelas indústrias de betão indianas e a sua utilização está a aumentar para betão de alta resistência.

Atualmente, a Índia não produz sílica de fumo de qualidade adequada. Recentemente, a Steel Authority of India disponibilizou as instalações necessárias para produzir anualmente cerca de 3000 toneladas de sílica de fumo no seu complexo de Bhadravathi. Aparentemente, a qualidade da sílica produzida por esta empresa necessita de ser melhorada.

1.4.2 PRODUÇÃO DE FUMOS DE SÍLICA

Produção de sílica de fumo A sílica de fumo é um subproduto do fabrico de silício metálico e de ligas de ferro-silício. O processo envolve a redução de quartzo de alta pureza (SiO2) em fornos de arco elétrico a temperaturas superiores a 2.000°C. A sílica de fumo é um pó muito fino constituído principalmente por partículas esféricas ou microesferas de diâmetro médio de cerca de 0,15 microns, com uma área de superfície específica muito elevada (15 000-25 000 m^2 /kg). Cada microesfera é, em média, 100 vezes mais pequena do que um grão de cimento médio. Numa dosagem típica de 10% em massa de cimento, haverá 50.000-100.000 partículas de sílica de fumo por grão de cimento.

1.4.3 REACÇÃO QUÍMICA NA PRODUÇÃO DE FUMOS DE SÍLICA

A redução do quartzo pelo carbono é dada por

$$SiO_2 + 2C \Rightarrow Si + 2CO$$

Esta reação não ocorre diretamente, mas através de uma série de reacções intermédias que formam carboneto de silício (SiC) sólido e monóxido de silício (SiO) gasoso.

Na parte inferior do forno encontra-se a zona de reação principal (zona de produção de metal), a temperaturas superiores a 1820°C.

A primeira reação a ter lugar é a redução da sílica fundida (SiO^2) com o carbono dos redutores para produzir dois produtos gasosos.

$SiO_2 + C => SiO + CO$

O monóxido de silício (SiO) gasoso reage posteriormente com o carbono para formar carboneto de silício (SiC) sólido no forno.

$SiO + 2C => SiC + CO$

O carboneto de silício pode então reagir com sílica fundida para formar silício e monóxido de silício.

$SiC + SiO_2 = Si + SiO + CO$

Este silício é drenado do forno através de uma torneira para panelas que refinam o silício e o transferem para a zona de fundição.

O monóxido de silício, que não reage no forno, oxida na atmosfera para formar SiO_2 (um material semelhante a poeira chamado sílica de fumo amorfa). A sílica de fumo é expelida para recolha numa grande instalação de filtragem (baghouse) como subproduto da produção de silício.

$2SiO + O2 => 2SiO_3$

CAPÍTULO 2
REVISÃO DA LITERATURA:

Abdulaziz A. Bubshait et. al.: investigaram que as vantagens da utilização de micro-sílica podem ser consideráveis, uma vez que reduz a fissuração térmica causada pelo calor da hidratação do cimento e pode melhorar a durabilidade ao ataque por sulfato e água ácida, aumentando o desempenho do betão.
A substituição ideal do cimento por sílica ativa proporcionou alta durabilidade, permeabilidade e alta resistência à compressão.

Faseyemi Victor Ajileye: concluiu que a substituição de cimento até 10% por sílica de fumo leva a um aumento da resistência à compressão do betão de grau C30. A partir de 15%, verifica-se uma diminuição da resistência à compressão nos períodos de cura de 3, 7, 14 e 28 dias. Observou-se que a resistência à compressão do betão de grau C30 aumentou de 16,15% para 29,24% e diminuiu de 23,98% para 20,22%. O nível máximo de substituição da sílica de fumo foi de 10% para o betão do tipo C30.

N.K. Amudhavalli e Jeena Mathew: esta investigação concluiu que, com o aumento da finura do cimento, a consistência aumenta. A sílica de fumo tem uma finura superior à do cimento e uma área de superfície superior, pelo que a consistência aumenta consideravelmente quando a percentagem de sílica de fumo aumenta. A consistência normal aumenta cerca de 40% quando a percentagem de sílica de fumo aumenta. A consistência normal aumenta cerca de 40% quando a percentagem de sílica de fumo aumenta de 0% para 20%. A resistência à compressão e à flexão aos 7 e 28 dias foi obtida no intervalo de 10% a 15% de substituição de sílica de fumo. O aumento da resistência à tração para além de 10% de substituição de sílica de fumo foi quase insatisfatório, enquanto o aumento da resistência à tração por flexão ocorreu até 15% de substituição. A sílica de fumo tem um efeito mais satisfatório na resistência à flexão do que na resistência à tração. Quando a mistura foi comparada com outra mistura, verificou-se que a perda de peso e a percentagem de resistência à compressão foram reduzidas em 2,23 e 7,69, respetivamente, quando o cimento foi substituído por 10% de sílica ativa.

Des King: investigou o impacto da sílica de fumo no betão em várias propriedades, tais como trabalhabilidade, permeabilidade, durabilidade, sangramento, calor de hidratação, sensibilidade à cura, resistência a ácidos, resistência à tração, resistência à flexão, etc. Concluiu que a resistência aos 28 dias do betão com sílica de fumo proporciona uma maior resistência à compressão em comparação com qualquer outro material, como cinzas volantes, GGBS, etc. Com a adição de sílica de fumo, é possível obter uma resistência à compressão precoce e uma resistência muito elevada após 28 dias com um método adequado de conceção da mistura de betão.

Vikas Srivastava et. al.: estudaram a trabalhabilidade do betão com base na substituição óptima de sílica ativa por cimento. Os seus estudos concluíram que a trabalhabilidade diminui com a adição de sílica ativa. No entanto, nalguns casos, observou-se uma melhoria da trabalhabilidade. Com a adição e a variação dos níveis de substituição da sílica de fumo, a resistência à compressão aumentou significativamente (6-57%). Não se observou qualquer alteração na resistência à tração e à flexão do betão em comparação com o betão convencional.

Debabrata Pradhan e D. Dutta: investigaram os efeitos da sílica de fumo no betão convencional e concluíram que a resistência óptima à compressão foi obtida com 20% de substituição de cimento por sílica de fumo às 24 horas, 7 dias e 28 dias. A resistência à compressão mais elevada indica que o betão incorporado com sílica ativa é um betão de alta resistência.

Alaa M. Rashad et. al.: na sua investigação, estudou a resistência à compressão e à abrasão do betão de PC, do betão HVFA e das misturas de betão HVFA com SF e escória. Concluiu que a resistência à abrasão foi altamente influenciada, independentemente do material pozolânico. Tanto a resistência à compressão como a resistência à abrasão diminuíram com a incorporação de 70 % de AF em comparação com F70, especialmente no início da idade. A taxa de redução diminuiu à medida que o tempo de cura avançava. A substituição de 20 % de SF deu uma boa resistência à compressão e à abrasão e ficou em segundo lugar, a incorporação de 10 % de SF ficou em terceiro lugar e a incorporação de 10 % de uma combinação igual de SF e escória (ou seja, 5 % de SF e 5 % de escória) ficou em quarto lugar.

Vishal S. Ghutke et. al.: concluíram, a partir dos seus resultados, que a sílica de fumo era um melhor substituto do cimento. A resistência do betão obtido com sílica de fumo foi elevada em comparação com o betão de cimento apenas. Realizaram vários ensaios variando a relação água-cimento de 0,5 para 0,6 e analisaram os resultados, concluindo que: "À medida que a relação água-cimento aumenta, a resistência do betão diminui. O valor alvo da resistência à compressão pode ser alcançado com 10% de substituição de sílica de fumo. A resistência de 15% de substituição de cimento por sílica ativa foi maior do que a do betão normal. Por conseguinte, a percentagem óptima de substituição de sílica de fumo varia entre 10% e 15%. A resistência à compressão diminui quando a substituição do cimento é superior a 15% de sílica de fumo.

H. Li et. al. : investigaram experimentalmente as propriedades mecânicas de argamassas de cimento com nano-FeO3 e nano SiO2 e verificaram que a resistência aos 7 e 28 dias era muito superior à do betão simples. A análise da microestrutura mostra que as nanopartículas preencheram os poros e que a quantidade de Ca(OH)2 foi reduzida devido à reação pozolânica.

Tao Ji : estudou experimentalmente o efeito do Nano SiO2 na permeabilidade à água e na microestrutura do betão. Os resultados mostram que a incorporação de Nano SiO2 pode melhorar a resistência à água do betão e a microestrutura torna-se mais uniforme e compacta em comparação com o betão normal. 6

H. Li et.al.: estudaram a resistência à abrasão do betão misturado com nano partículas de TiO2 e SiO2 juntamente com fibras de polipropileno (PP). Observou-se que a resistência à abrasão pode ser consideravelmente melhorada pela adição de nano partículas e fibras de PP. Também o efeito combinado de fibras de PP + nanopartículas mostra uma resistência à abrasão muito mais elevada do que apenas com nanopartículas. Verificou-se que a resistência à abrasão das nano partículas de TiO2 é melhor do que a das nano partículas de SiO2. Também se verificou que a relação entre a resistência à abrasão e a resistência à compressão é linear.

B.-W Jo et. al. : estudaram experimentalmente as características da argamassa de cimento com partículas de Nano SiO2 e observaram uma maior resistência destas argamassas misturadas durante 7 e 28 dias. A análise da microestrutura mostrou que o SiO2 não só se comporta como um material de enchimento para melhorar a microestrutura, mas também como um ativador da reação pozolânica.

M.Nill et.al.: estudaram o efeito combinado da micro-sílica e da nano-sílica coloidal nas propriedades do betão e concluíram que o betão atingirá a resistência máxima à compressão quando contiver 6% de micro-sílica e 1,5% de nano-sílica. A resistividade eléctrica mais elevada do betão foi observada com 7,5% de micro e nano sílica. A taxa de absorção capilar é mais baixa para a combinação de 3% de micro-sílica e 1,5% de nano-sílica.

Alirza Naji Givi et.al. : estudaram o efeito do tamanho das partículas de nanosílica. Substituíram o cimento por nanosílica de tamanho 15nm e 80nm com 0-5, 1, 1,5 e 2% b.w.c. Observou-se um aumento da resistência à compressão com 1,5% b.w.c mostrando a resistência máxima à compressão. Uma comparação entre os tamanhos das partículas mostrou que para as partículas de 80nm a resistência máxima foi maior do que para as partículas de 15nm, também foi observada uma melhoria considerável na resistência à flexão e à tração do betão misturado com Nano SiO2. 7

A. Sadrmotazi et.al.: noutro artigo, estudaram o efeito da fibra de PP juntamente com partículas de nano SiO2. A nanosílica foi substituída até 7%, o que melhorou a resistência à compressão da argamassa de cimento em 6,49%. As quantidades de fibra de PP para além de 0,3% reduzem a resistência à compressão, mas para além de 0,3% a dose de fibra de PP aumenta a resistência à flexão, mostrando a eficácia das partículas de nano SiO2. Também até 0,5% de fibras de PP na argamassa a absorção de água diminui, o que indica um refinamento dos poros.

Ali Nazari et.al.: estudaram o efeito combinado de partículas de Nano SiO2 e GGBFS nas propriedades do betão. Utilizaram nano-sílica com 3% de substituição b.w.c. e 45% b.w.c. de GGBFS, o que mostra uma melhoria da resistência à tração por compressão. Foi observada uma melhoria na estrutura dos poros do betão com partículas de sílica. Além disso, estudaram o efeito das nanopartículas de ZnO2 no betão SCC com uma relação a/c constante de 0,4. Os resultados mostraram que, ao aumentar o teor de super plastificante, a resistência à flexão diminui. Até 4% de teor de ZnO2, foi registado um aumento da resistência à flexão do betão com cimento colchão. Noutra experiência, o mesmo autor estudou o efeito das nano partículas de Al2O3 nas propriedades do betão. Os resultados mostraram que o cimento pode ser substituído até 2% para melhorar as propriedades mecânicas do betão, mas as nano partículas de Al2O3 diminuíram a percentagem de absorção de água do betão. A análise XRD da amostra mostrou que há uma formação mais rápida de produto hidratado.

M. Collepardi et.al.: estudaram o efeito da combinação de sílica de fumo, cinzas volantes e sílica coloidal amorfa ultrafina (UFACS) no betão. O resultado mostra que o betão curado a vapor contendo SF e FA isoladamente é muito mais forte do que o NC curado à temperatura ambiente numa idade precoce, enquanto a resistência à compressão aos 28-90 dias do betão curado a vapor é inferior à do NC curado à temperatura ambiente. Assim, o autor aconselhou a utilização de SF, FA&UFACS para o fabrico de unidades pré-fabricadas. 8

M.S. Morsy et. Al: estudaram o efeito da nanoargila nas propriedades mecânicas e na microestrutura da argamassa de cimento Portland e observaram que a resistência à tração e à compressão aumentou 49% e 7%, respetivamente, com 8% de nano-metacaulino (NMK).

Surya Abdul Rashid et.al. : trabalharam sobre o efeito das partículas de nano SiO2 nas propriedades mecânicas (resistência à compressão, à tração e à flexão) e físicas (permeabilidade à água, trabalhabilidade e tempo de presa) do betão, o que mostra que o betão de mistura binária com partículas de nano SiO2 até 2% tem uma resistência à compressão, à tração e à flexão significativamente mais elevada em comparação com o betão normal. Outra conclusão a que se chegou foi que a substituição parcial de partículas de nano SiO2 diminui a trabalhabilidade e o tempo de presa do betão fresco para as amostras curadas em solução de cal.

Ali Nazari et.al.: estudaram a resistência e a percentagem de absorção de água do SCC contendo diferentes quantidades de GGBFS e nanopartículas de TiO2. Os resultados da experimentação mostram que a substituição do cimento Portland por até 45% de peso de GGBSF e até 4% de peso de nanopartículas de TiO2 aumenta consideravelmente a resistência à compressão, à tração e à flexão do betão misturado. Este aumento deve-se à maior formação de produtos hidratados na presença de TiO2; também a resistência à permeabilidade à água do betão endurecido foi melhorada. O autor também estudou o efeito das nanopartículas de CuO no betão celular e observou que o aumento da percentagem de mistura de policarboxilato resulta numa diminuição da resistência à compressão. As nanopartículas de CuO com tamanho médio de partícula de 15 nm, até 4% do peso, aumentaram a resistência à compressão do betão celular. As nanopartículas de CuO até 4% podem acelerar o primeiro pico nos ensaios de calorimetria de condução, o que está relacionado com a aceleração da formação de produtos de cimento hidratados.

Sekari e Razzaghi: estudam o efeito do teor constante de nano ZrO2, Fe2O3, TiO2 e Al2O3 nas propriedades do betão. Os resultados mostraram que todas as nanopartículas têm uma influência notável na melhoria das propriedades de durabilidade do betão, mas a contribuição do nano Al2O3 para a melhoria das propriedades mecânicas do HPC é superior à das outras nanopartículas.

A.M. Said et.al. (2012) estudaram o efeito da nanossílica coloidal no betão, misturando-a com cinzas volantes de classe F, e observaram que o desempenho do betão com ou sem cinzas volantes foi significativamente melhorado com a adição de quantidades variáveis de nanossílica. A mistura contendo 30% de FA e 6% de CNS proporciona um aumento considerável da resistência. A porosidade e o diâmetro limiar dos poros foram significativamente mais baixos na mistura com nanossílica. O teste RCPT mostra que as cargas de passagem e a profundidade de penetração física melhoraram significativamente.

Alireza Naji Givi et.al.: estudaram o efeito das partículas de Nano SiO2 na absorção de água do betão misturado com RHA. Concluiu-se que o cimento pode ser substituído até 20% por RHA na presença de partículas de Nano SiO2 até 2%, o que melhora as propriedades físicas e mecânicas do betão.

Heidari e Tavakoli: investigaram o efeito combinado da substituição do cimento por pó cerâmico moído de 10% a 40% b.w.c. e nano SiO2 de 0,5 a 1%. Foi observada uma diminuição substancial da capacidade de absorção de água e um aumento da resistência à compressão quando se procedeu a uma substituição de 20% por pó cerâmico moído com 0,5 a 1% como dose óptima de partículas de Nano SiO2.

J.Comiletti et.al. : investigaram o efeito do micro e nano CaCO3 nas propriedades de envelhecimento precoce do betão de ultra-alto desempenho (UHPC) curado em condições de campo normais e frias. O micro CaCO3 foi adicionado de 0 a 15% b.w.c. e o nano CaCO3 foi adicionado à taxa de 0, 2,5 e 5% b.w.c. Os resultados mostram que, ao incorporar nano e micro CaCO3, a capacidade de escoamento de 10 UHPC é superior à mistura de controlo, o que aumenta o nível de substituição do cimento. A mistura contendo 5% de nano CaCO3 e 15% de micro CaCO3 dá o tempo de presa mais curto a 10 °C e a 20 °C a resistência à compressão mais elevada às 24 horas é alcançada substituindo o cimento por 2,5% de nano e 5% de micro CaCO3 e a resistência à compressão mais elevada aos 26 dias foi alcançada com 0% de nano e 2,5% de micro CaCO3.

Min. Hong Zhang et.al. : estudaram o efeito de NS e argamassa de escória de alto volume no tempo de presa e na resistência inicial e observaram que a taxa de hidratação aumenta com a adição de NS, a resistência à compressão da argamassa de escória aumenta com o aumento das dosagens de NS de 0,5 a 2% em peso de cimento. 2% NS reduz o tempo de presa inicial e final e a resistência à compressão aumenta em 22% e 18% aos 3 dias e 7 dias com a adição de 50% de escória. NS com tamanho de partícula de 7 e 12 nm são mais eficazes no aumento da hidratação e reação do cimento em comparação com a sílica de fumo.

G. Dhinakaran et. al. : analisaram a microestrutura e as propriedades de resistência do betão com Nano SiO2. A sílica foi moída no moinho de bolas planetário até atingir o tamanho nano e foi misturada no betão com 5%, 10% e 15% de b.w.c.. Os resultados experimentais mostraram um aumento da resistência à compressão com uma resistência máxima para 10% de substituição.

Mukharjee e Barai : a resistência à compressão e as características da Zona de Transição Interfacial (ZIT) do betão contendo agregados reciclados e nano-sílica. Observou-se uma melhoria da resistência à compressão e da microestrutura do betão com a incorporação de nanosílica.

CAPÍTULO 3
MATERIAIS UTILIZADOS

3.1 CIMENTO

A história do material de cimentação é tão antiga como a história da construção de engenharia. Alguns tipos de materiais de cimentação foram utilizados pelos egípcios, romanos e indianos nas suas construções antigas. Acredita-se que os primeiros egípcios utilizavam maioritariamente materiais de cimentação, obtidos através da queima de gesso.

O cimento é um aglutinante, uma substância utilizada na construção que fixa, endurece e adere a outros materiais, ligando-os entre si. O cimento raramente é utilizado apenas, mas é utilizado para unir areia e gravilha (agregado). O cimento é utilizado com agregados finos para produzir argamassa para alvenaria, ou com agregados de areia e gravilha para produzir betão.

Os cimentos utilizados na construção são normalmente inorgânicos, muitas vezes à base de cal ou de silicato de cálcio, e podem ser caracterizados como sendo hidráulicos ou não hidráulicos, dependendo da capacidade do cimento para endurecer na presença de água

3.2 AGREGADOS

O agregado de construção, ou simplesmente agregado, é uma vasta categoria de material particulado grosseiro utilizado na construção, incluindo areia, cascalho, pedra britada, escória, betão reciclado e agregados geossintéticos. Os agregados são os materiais mais extraídos do mundo. Os agregados são um componente de materiais compósitos, como o betão e o betão asfáltico; o agregado serve de reforço para aumentar a resistência do material compósito global. Devido ao valor relativamente elevado da condutividade hidráulica, em comparação com a maioria dos solos, os agregados são amplamente utilizados em aplicações de drenagem, tais como drenos de fundações e de valas, campos de drenagem séptica, drenos de muros de contenção e drenos de bermas de estradas. Os agregados são também utilizados como material de base em fundações, estradas e caminhos-de-ferro. Por outras palavras, os agregados são utilizados como uma fundação estável ou uma base de estrada/caminho de ferro com propriedades previsíveis e uniformes (por exemplo, para ajudar a evitar o assentamento diferencial sob a estrada ou o edifício), ou como um extensor de baixo custo que se liga a cimento ou asfalto mais caros para formar betão.

Figura 2: Preparação da mistura do côncavo e enchimento dos moldes

Os agregados são os componentes mais importantes do betão. Dão corpo ao betão, reduzem a retração e têm um efeito económico. Anteriormente, os agregados eram considerados materiais quimicamente inertes, mas atualmente reconhece-se que alguns dos agregados são quimicamente activos e que certos agregados apresentam ligações químicas na interface entre o agregado e a pasta. Dado que os agregados ocupam 70-80% do volume do betão, o seu impacto nas várias características e propriedades do betão é, sem dúvida, considerável. Para saber mais sobre o betão, é essencial saber mais sobre os agregados, que constituem a medida do volume do betão. Sem um estudo aprofundado e abrangente dos agregados, o estudo do betão fica incompleto. O cimento é o único componente normalizado de fábrica do betão. Os outros ingredientes, nomeadamente a água e os agregados, são materiais naturais e podem variar em muitas das suas propriedades. Não se pode subestimar a profundidade e o alcance dos estudos que têm de ser feitos em relação aos agregados para compreender os seus efeitos de desgaste e influência nas propriedades do betão.

3.3 ÁGUA

A água é um ingrediente importante do betão, uma vez que participa ativamente na reação química com o cimento. Uma vez que ajuda a formar o gel de cimento que confere resistência, a quantidade e a qualidade da água devem ser cuidadosamente analisadas. Na prática, é frequente exercer-se um grande controlo sobre as propriedades do cimento e do agregado, mas o controlo da qualidade da água é muitas vezes negligenciado, uma vez que a qualidade da água afecta a resistência, pelo que é necessário analisar a pureza e a qualidade da água.

CAPÍTULO 4
ENSAIO DOS MATERIAIS UTILIZADOS

4.1 ENSAIO DOS AGREGADOS :

4.1.1 Classificação dos agregados

Os agregados compreendem cerca de 55% do volume do motor e cerca de 85% do volume da massa de betão. O motor contém agregado de tamanho 4,75 mm e o betão contém agregado até um tamanho máximo de 150 mm.

Assim, não é surpreendente que a forma como as partículas de agregado se encaixam na mistura, influenciada pela degradação, forma e textura da superfície, tenha um efeito importante na trabalhabilidade e nas características de acabamento do betão fresco e, consequentemente, nas propriedades do betão endurecido. Um dos factores mais importantes para produzir betão trabalhável é uma boa gradação dos agregados. Uma boa gradação implica que uma amostra de agregados contenha todas as fracções padrão de agregado na proporção necessária, de modo a que a amostra contenha um mínimo de vazios.

4.1.1.1 Análise granulométrica

Este é o nome dado à operação de dividir uma amostra de agregados em várias fracções, cada uma constituída por partículas do mesmo tamanho. A análise granulométrica é realizada para determinar a distribuição do tamanho das partículas numa amostra de agregado, a que chamamos gradação.

Um sistema conveniente para exprimir essa relação de agregado é aquele em que as aberturas consecutivas da peneira são constantemente duplicadas, como 10 mm, 20 mm, 40 mm, etc. Neste sistema, utilizando uma escala logarítmica, as linhas podem ser espaçadas a intervalos iguais para representar os tamanhos sucessivos.

Os agregados utilizados para fazer betão têm um tamanho máximo de 80 mm, 40 mm, 20 mm, 10 mm, 4,75 mm, 2,36 mm, 600 microns, 300 microns e 150 microns. A fração de agregado de 80 mm a 4,75 mm é designada por agregado grosso e as fracções de 4,75 mm a 150 microns são designadas por agregados finos. A dimensão de 4,75 mm é uma fração comum que aparece tanto no agregado de curso como no agregado fino.

4.1.2 Ensaio para a determinação do índice de flacidez

O índice de floculação do agregado é a percentagem em peso das partículas nele contidas cuja menor dimensão (espessura) é inferior a três quintos das dimensões médias. Este ensaio não é aplicável a dimensões inferiores a 6,3 mm.

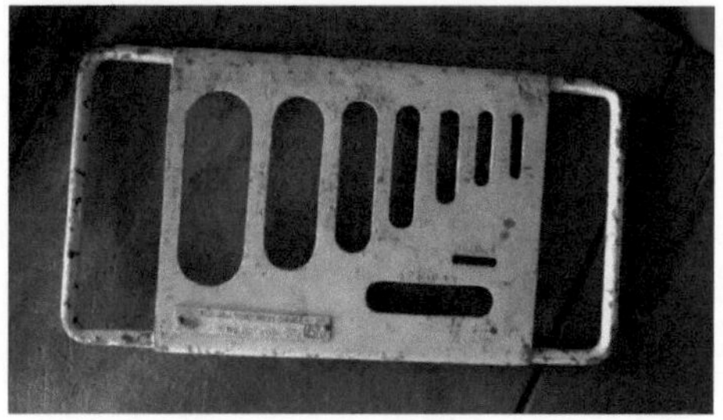

Figura 3: Medidor de espessura do índice de escamação

Este ensaio é efectuado utilizando um medidor de espessura de metal. A quantidade de agregado a ensaiar é suficiente para que se possa ensaiar um número mínimo de 200 peças de qualquer fração. Cada fração é avaliada sucessivamente quanto à sua espessura no medidor de metal. A quantidade total que passa no medidor é pesada com uma precisão de 0,1% do peso da amostra colhida. O índice de escamação é considerado como o peso total do material que passa nos vários medidores de espessura, expresso em percentagem do peso total da amostra colhida.

O quadro 4 apresenta as dimensões dos calibres de espessura e de comprimento (IS: 2386 (Parte I) - 1963)

Tamanho da espessura do agregado		Bitola de comprimento (mm)	Calibre (mm)
Passagem pelo crivo IS	Retido no peneiro IS		
63 mm	50 mm	33.90	-
50 mm	40 mm	27.00	81.0
40 mm	25 mm	19.50	58.5
31,5 mm	25 mm	16.95	-
25 mm	20 mm	13.50	40.5
20 mm	16 mm	10.80	32.4
16 mm	12,5 mm	8.55	25.6
12,5 mm	10,0 mm	6.75	20.2
10,0 mm	6,3 mm	4.89	14.7

4.1.3 Ensaio para determinação do índice de alongamento

O índice de alongamento de um agregado é a percentagem em peso de partículas cuja maior dimensão (comprimento) é superior a 1,8 vezes a sua dimensão média. O índice de maior comprimento não é aplicável a tamanhos menores que 6,3 mm.

Figura 4: Índice de alongamento Medidor de comprimento

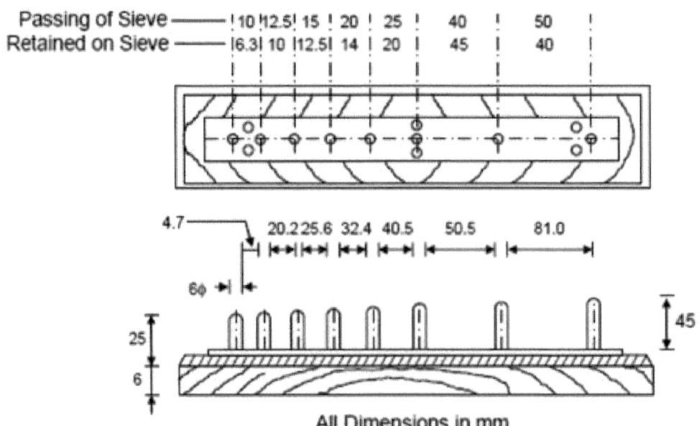

Este ensaio é realizado utilizando um calibre metálico, com um número mínimo de 200 peças de qualquer fração a ensaiar. O comprimento de cada fração deve ser medido individualmente no medidor de metal. A quantidade total retida pelo comprimento do medidor deve ser pesada com uma precisão de pelo menos 0,1% do peso das amostras de ensaio colhidas nos vários medidores de comprimento, expressa em percentagem do peso total da amostra colhida. O índice de elongação é o peso total do material retido nos vários calibres de comprimento, expresso em percentagem do peso total da amostra colhida. A presença de partículas alongadas em excesso de 10 a 15% é geralmente considerada indesejável, mas não são estabelecidos elementos reconhecidos.

4.1.4 Ensaio para determinação de argila, silte fino e pó fino.

É um método gravimétrico para determinar a argila, encontrar vendas e encontrar faz que inclui partículas até 20 microns.

A amostra para ensaio é preparada a partir da amostra principal, tendo especial cuidado para que a amostra para ensaio contenha a proporção correcta de materiais mais finos.

A pipeta de sedimentação é utilizada para determinar o teor de argila e silte. No caso do agregado fino, pesam-se cerca de 300 g de amostras secas ao ar, que passam no peneiro IS de 4,75 mm, e colocam-se no frasco de vidro com tampa de rosca, juntamente com 300 ml de solução diluída de oxalato de sódio. O frasco é então rodado em torno do seu eixo longo, com o eixo horizontal, a uma velocidade de 80 +_ 20 rotações por minuto durante um período de 15 minutos. No final dos 15 minutos, a suspensão é vertida para uma proveta graduada de 1000 ml e o resíduo é lavado por agitação suave e decantação de porções sucessivas de 150 ml de solução de oxalato de sódio, sendo as lavagens adicionadas à proveta até o volume perfazer 1000 ml.

No caso do agregado grosso, a amostra pesada é colocada num recipiente adequado, coberta com um volume medido de solução de oxalato de sódio (0,8 gm/l), agitada vigorosamente para remover todo o material fino aderente e a suspensão líquida é transferida para a proveta de 1000 ml. Este processo é repetido até que todo o material argiloso tenha sido transferido para a proveta. O volume é completado até 2000 ml com solução de oxalato de sódio.

Mistura-se bem a suspensão na proveta graduada. A pipeta A é então suavemente baixada até tocar a superfície do líquido e, em seguida, baixada 10 cm para o interior do líquido. Três minutos após a colocação da bisnaga em posição, enche-se a pipeta e o orifício da torneira B, abrindo B e aplicando uma ligeira sanção em C. Pode ser aspirado um pequeno excedente para o bolbo entre a torneira B e a torneira C, mas deixa-se escorrer e qualquer material sólido é lavado com água destilada de E. A pipeta é então retirada da proveta e o seu conteúdo é introduzido num recipiente com pesos, seco a 100 graus Celsius a 110 graus Celsius até peso constante, arrefecido e pesado.

4.1.5 Ensaio de determinação da massa específica

A especificação da norma indiana IS: 2386 (parte III), de 1963, prevê vários procedimentos para determinar a gravidade específica de diferentes tamanhos de agregados, sendo o seguinte procedimento aplicável a agregados de dimensão superior a 10 mm.

Recolhe-se uma amostra de agregado não inferior a 2 kg. Esta é cuidadosamente lavada para remover as partículas finais e a poeira aderente ao agregado, sendo depois colocada num cesto de arame e imersa em água destilada a uma temperatura entre 22 e 32 graus Celsius. Imediatamente após a imersão, o ar aprisionado é retirado da amostra, levantando o cesto que a contém 25 mm acima da base do tanque e deixando-a cair 25 vezes à razão de cerca de uma gota por segundo. Durante a operação, é necessário garantir que o cesto e o agregado permaneçam completamente imersos em água, sendo mantidos na água durante um período de 24 horas. O cesto e o agregado são então sacudidos e pesados (peso A_1) em água a uma temperatura de 22 a 32 graus Celsius. O cesto e o agregado são retirados da água e deixados a escorrer durante alguns minutos e, em seguida, o agregado é retirado do cesto e colocado sobre um pano seco, sendo a superfície suavemente seca com o pano. O agregado é transferido para um segundo pano seco e seco novamente. O cesto vazio é novamente imerso em água, sacudido 25 vezes e pesado em água (peso A_2). O agregado é exposto à atmosfera, ao abrigo da luz solar direta, durante pelo menos 10 minutos, até ficar completamente seco à superfície, sendo depois pesado ao ar (massa B). Em seguida, o agregado é mantido na estufa a uma temperatura de 100 a 110 graus Celsius e mantido a esta temperatura durante 24 horas, sendo depois arrefecido num recipiente hermético e pesado (massa C).

Gravidade específica = C / (B-A)

Gravidade específica aparente = C / (C-A)

Absorção de água = 100(B-C) / C

Em que , A é o peso em gm do agregado saturado em água (A -A)12
B é o peso, em gm, do agregado seco em superfície saturada ao ar , e
C é o peso em gm do agregado seco em estufa ao ar.

4.1.6 Ensaio para determinação da massa volúmica aparente e dos vazios

A densidade aparente é o peso do material num determinado volume. Para medir a densidade aparente, utiliza-se um medidor cilíndrico, provavelmente maquinado com dimensões internas exactas.
O medidor cilíndrico é enchido cerca de um terço de cada vez com agregado bem misturado e compactado com 25 pancadas por uma haste de compactação com ponta de bala, com 16 mm de diâmetro e 60 cm de comprimento. A medida é cuidadosamente nivelada, utilizando a vara de calcar como uma borda reta. O peso líquido do agregado na medida é determinado e o ensaio a granel é calculado em kg/l.

$$\text{Densidade a granel} = \frac{\text{Peso líquido do agregado em kg}}{\text{Capacidade do contentor em litros}}$$

$$\text{Percentagem de vazios} = \frac{G_s - \Upsilon}{G_s} \times 100 ,$$

Em que , G_s é a gravidade específica e Υ é a densidade aparente

4.1.7 Ensaio para determinação do valor de esmagamento dos agregados

O valor de esmagamento do agregado dá uma medida relativa da resistência de um agregado ao esmagamento sob uma carga de compressão aplicada gradualmente com agregados de valor de esmagamento do agregado igual ou superior a 30, o resultado pode ser anómalo e, nesses casos, o valor de dez por cento de finos deve ser determinado e utilizado em vez disso.

O ensaio normalizado de esmagamento de agregados é efectuado com agregados que passam num peneiro IS de 12,5 mm e são retidos num peneiro IS de 10 mm, se necessário, ou, se a dimensão normalizada não estiver disponível, podem ser ensaiadas outras dimensões até 25 mm. Mas, devido à não homogeneidade dos agregados, os resultados não serão comparáveis com os obtidos no ensaio normalizado.

São recolhidos cerca de 6,5 kg de material constituído por agregados que passam 12,5 mm e ficam retidos num peneiro de 10 mm. O agregado numa condição de superfície seca é enchido na medida cilíndrica padrão em três camadas aproximadamente de igual profundidade. Cada camada é compactada 25 vezes com a vareta de compactação e, finalmente, nivelada utilizando a vareta de compactação como borda reta. Toma-se o peso da amostra contida na medida cilíndrica (A). O mesmo peso da amostra é tomado para a repetição do ensaio.

Coloca-se o cilindro do aparelho de ensaio com o agregado preenchido de forma normalizada na placa de base e nivela-se cuidadosamente o agregado, introduzindo-se o êmbolo horizontalmente na superfície. O êmbolo não deve encravar no cilindro.

O aparelho, com a amostra de ensaio e o êmbolo em posição, é colocado na máquina de ensaio de compressão e é carregado uniformemente até uma carga total de 40 toneladas em 10 minutos. A carga é então libertada e todo o material é retirado do cilindro e peneirado num crivo IS de 2,36 mm. A fração que passa no peneiro é pesada (B).

O valor de esmagamento do agregado = (B/A) X 100
Onde, B é o peso da fração que passa no peneiro de 2,36 mm,
A é o peso da amostra seca à superfície colhida no molde.

O valor de esmagamento do agregado não deve ser superior a 45% do agregado utilizado para betão que não seja para superfícies de apoio e a 30% para betão utilizado para superfícies de apoio, como pistas, estradas e pavimentos de aeródromos.

4.1.8 Ensaio para determinação do valor agregado de impacto

O valor de impacto do agregado dá uma medida relativa da resistência de um agregado a uma determinada loja para impacto. O que, nalguns agregados, difere da sua resistência a uma carga de compressão lenta.

A amostra é constituída por agregado que passa através de 12,5 mm e fica retido num peneiro IS de 10 mm. O agregado deve ser seco numa estufa durante um período de 4 horas a uma temperatura de 100 a 110 graus Celsius e arrefecido. Enche-se o agregado com cerca de um terço e calca-se com uma vareta de calcar de 25 pancadas. Adiciona-se outra quantidade semelhante de agregado e comprime-se da forma habitual. A medida é enchida até transbordar e depois nivelada. Determina-se o peso líquido do agregado na medida (peso A) e este peso de agregado deve ser utilizado para o ensaio em duplicado do mesmo material.

A amostra inteira é colocada num copo cilíndrico de aço firmemente fixado na base da máquina. Eleva-se um martelo de cerca de 14 kg a uma altura de 380 mm acima da superfície superior do agregado no copo e deixa-se cair livremente sobre o agregado. A amostra a ensaiar deve ser submetida a um total de 15 golpes, cada um dos quais efectuado a um intervalo não inferior a 1 segundo. O agregado triturado é retirado da taça e peneirado na sua totalidade num peneiro IS de 2,36 mm. A fração que passa no peneiro é pesada com uma precisão de 0,1 Gm (peso B). Pesa-se também a fração que voltou a passar no peneiro (peso C). Se o peso total (B + C) for inferior ao peso inicial em mais de 1 g, o resultado é rejeitado e efectua-se um novo ensaio. Efectuam-se dois ensaios.

A relação entre o peso da forma encontrada e o peso total da amostra em cada ensaio é expressa em percentagem.

Por conseguinte, o valor agregado do impacto = (B/A) x 100
Onde, B é o peso da fração que passa no peneiro de 2,36 mm I.S.
A é o peso da amostra seca em estufa

O valor de impacto dos agregados não deve ser superior a 45%, em peso, para os agregados utilizados no betão, com exceção das superfícies de desgaste, e a 30%, em peso, para o betão a utilizar como superfícies de desgaste, como pistas, estradas e pavimentos

4.2 ENSAIO DO CIMENTO

4.2.1 Ensaio de finura

A finura do cimento tem uma influência importante na taxa de hidratação e, portanto, na taxa de resistência e também na taxa de evolução do calor. O cimento mais fino oferece uma maior área de superfície para a hidratação e, por conseguinte, um desenvolvimento mais rápido da resistência. A finura da moagem tem aumentado ao longo dos anos, mas atualmente ainda não estabilizou. Os diferentes cimentos são moídos com diferentes finuras. As desvantagens da moagem fina são o facto de ser suscetível ao ar e à deterioração precoce. O número máximo de partículas numa amostra de cimento deve ter um tamanho inferior a cerca de cem microns e a partícula mais pequena pode ter um tamanho de cerca de 1,5 microns. De um modo geral, o tamanho médio das partículas de cimento pode ser considerado como cerca de 10 microns. Verificou-se que a fração de tamanho de partícula inferior a 3 microns tem um efeito predominante na resistência a um dia, enquanto a fração de 3,25 microns tem uma grande influência na resistência a 28 dias. Verificou-se que o aumento da finura do cimento também aumenta a retração por secagem do betão. No cimento comercial, sugere-se que deve haver cerca de 25 a 30% de partículas com menos de 7 microns de tamanho.

A finura do cimento é testada de duas formas:

1. Por meio da venda.
2. Por determinação da superfície específica.

Figura 5: Balança com fumos de sílica

4.2.2 Teste de consistência padrão

Para determinar o tempo de presa inicial, o tempo de presa final e a solidez do cimento e a resistência, deve ser utilizado um parâmetro conhecido como consistência padrão. A consistência padrão da pasta de cimento é definida como uma consistência que permite que um êmbolo vicat com 10 mm de diâmetro e 50 mm de comprimento penetre a uma profundidade de 30 a 35 mm a partir do topo do molde. Este aparelho é designado por aparelho de vicat. Este aparelho é utilizado para determinar a percentagem de água necessária para produzir uma pasta de cimento de consistência normal. A consistência normal da pasta de cimento é por vezes designada por consistência normal (CPNC).

O procedimento seguinte é adotado para determinar a coerência padrão.

Pegar em cerca de 500 gms de cimento e preparar uma pasta com a quantidade de água correspondente ao seu peso para o primeiro ensaio. A pasta deve ser preparada de forma normalizada e colocada no molde de vicat no espaço de 3 a 5 minutos. Depois de encher completamente o molde, agitar o molde para expulsar o ar. Coloca-se um êmbolo normalizado, com 10 mm de diâmetro e 50 mm de comprimento, que é baixado para testar a superfície da pasta no bloco de ensaio e que é rapidamente libertado, permitindo-lhe afundar-se na pasta com o seu próprio peso. Efetuar a leitura registando a profundidade de penetração do êmbolo. Efetuar um segundo ensaio e descobrir a profundidade de penetração do êmbolo. Da mesma forma, efetuar ensaios com uma relação a/c cada vez mais elevada até que o êmbolo penetre a uma profundidade de 30 a 35 mm a partir do topo, o que é conhecido como a percentagem de água necessária para produzir uma pasta de cimento de consistência normal. Durante este tempo, a pasta de cimento, a argamassa ou o betão devem estar em condições plásticas. O intervalo de tempo durante o qual o cimento produzido permanece em estado plástico é conhecido como o tempo de presa inicial. Normalmente, é dado um mínimo de 30 minutos para as operações de mistura e manuseamento. O constituinte e a finura do cimento são mantidos de forma a que o betão permaneça em estado plástico durante um determinado período de tempo mínimo. Uma vez colocado na posição final, compactado e acabado, o betão deve perder a sua plasticidade o mais cedo possível, para que seja menos vulnerável a danos causados por agentes destrutivos externos. Este tempo não deve ser superior a 10 horas, o que é frequentemente referido como tempo de presa final.

Figura 6: Molde de Vicat

4.2.3 Teste de solidez

É muito importante que o cimento, depois de endurecido, não sofra qualquer alteração apreciável de volume. Verificou-se que certos cimentos sofrem uma grande suspensão após o endurecimento, causando a destruição da massa endurecida. Este facto causará sérias dificuldades à durabilidade das estruturas quando esse cimento é utilizado. O ensaio da solidez do cimento, para assegurar que o cimento não apresenta qualquer expansão subsequente aplicável, é de importância primordial.

A insalubridade do cimento deve-se à presença de um excesso de cal que se combina com o óxido ácido no forno. Deve-se à queima inadequada ou à insuficiência de finura de moagem ou de mistura completa das matérias-primas. É também provável que uma proporção mais elevada de magnésio em relação ao teor de sulfato de cálcio possa causar insalubridade no cimento. Por esta razão, o teor de magnésia permitido no cimento é limitado a 6%. Recorde-se que, para evitar a presa rápida, o sulfato de cálcio é adicionado ao clínquer durante a moagem. A quantidade de gesso adicionada varia de 3 a 5%, dependendo do teor de c3a. Se a adição de gesso for superior à quantidade que pode ser combinada com o c3a, o excesso de gesso permanecerá no cimento em estado livre. Este excesso de gesso leva a uma expansão e destruição dos constituintes da pasta de cimento endurecida.

A insalubridade do cimento deve-se a um excesso de cal, a um excesso de magnésia ou a uma proporção excessiva de sulfatos. A insalubridade do cimento não vem à superfície durante um período de tempo considerável. Por conseguinte, são necessários ensaios acelerados para a detetar. Número de ensaios deste tipo em uso corrente. O ensaio le chatelier detecta apenas a insalubridade devida à cal livre. O método de ensaio não indica a presença e os efeitos posteriores do excesso de magnésia. As especificações da norma indiana estipulam que o cimento com um teor de magnésio superior a 3% deve ser testado quanto à solidez através do ensaio em autoclave, que é sensível tanto à magnésia livre como à cal livre. Neste ensaio, um provete de cimento puro de 20 a 25 mm é colocado numa autoclave normalizada e a pressão do vapor no interior da autoclave é aumentada a uma velocidade tal que a pressão do vapor atinge 21 kg/cm2 em 1 a 1 1/4 hora a partir do momento em que o aquecimento é ligado. A pressão é mantida durante 3 horas. O autoclave é arrefecido e o comprimento é novamente medido. A elevada pressão de vapor acelera a hidratação da magnésia e da cal. Não existem dados satisfatórios para a dedução da insalubridade devida a um excesso de sulfato de cálcio, mas o seu teor pode ser facilmente determinado por análise química.

4.2.4 Calor de hidratação

A reação do cimento com a água é exotérmica. A reação liberta uma quantidade considerável de calor. Isto pode ser facilmente observado se um cimento for medido e colocado num frasco térmico. Tem sido dada muita atenção ao calor gerado durante a hidratação do cimento no interior das barragens de betão maciço. Estima-se que cerca de 120 calorias de calor são geradas na hidratação de 1 g de cimento. A partir daqui, pode avaliar-se o quantum total de calor produzido num sistema conservador como o interior de uma barragem de betão maciço. Foi observado um aumento de temperatura de cerca de 50 graus Celsius. Esta temperatura excessivamente elevada desenvolvida no interior de uma barragem de betão provoca uma expansão grave do corpo do tempo e, com o arrefecimento subsequente, ocorre uma retração considerável que resulta em fissuração grave do betão.

A utilização de massa magra, a utilização de cimento pozolânico, o arrefecimento artificial dos materiais constituintes e a incorporação de um sistema de tubagens no corpo da barragem, como se de uma obra de betão se tratasse, para fazer circular uma solução salina fria através do sistema de tubagens para absorver o calor, são alguns dos métodos adoptados para compensar a geração de calor no corpo das barragens devido ao calor de hidratação do cimento.

O ensaio do calor de hidratação só deve ser efectuado essencialmente para cimentos de baixo calor. Este ensaio é efectuado durante alguns dias por métodos de balão de vácuo, ou durante um período mais longo num calorímetro adiabático. Quando ensaiado de forma normalizada, o calor de hidratação do cimento Portland de baixo calor não deve ser superior a 65 cal/gm aos 7 dias e a 75 cal/gm aos 28 dias. Nos últimos tempos, o ensaio de calor de hidratação está a retomar a sua importância em relação ao cimento misturado utilizado em betão em massa.

4.2.5 Teste do tempo de regulação

Foi feita uma divisão arbitrária para o tempo de presa do cimento como tempo de presa inicial e tempo de presa final. É difícil traçar uma linha de rejeição entre estas duas divisões arbitrárias. Por conveniência, o tempo de presa inicial é considerado como o tempo decorrido entre o momento em que a água é adicionada à vírgula de cimento e o momento em que a pasta começa a perder a sua plasticidade. O tempo de presa final é o tempo decorrido entre o momento em que a água é adicionada ao cimento e o momento em que a pasta perdeu completamente a sua plasticidade e atingiu uma firmeza suficiente para resistir a uma determinada pressão definida.

Na construção real que lida com pasta de cimento, argamassa de betão, é necessário algum tempo para misturar, transportar, colocar, compactar e terminar

4.2.6 Ensaio de resistência

A resistência à compressão do betão endurecido é a mais importante de todas as propriedades. Por conseguinte, não é surpreendente que a resistência do cimento seja sempre testada em laboratório antes de o cimento ser utilizado em obras importantes. Os ensaios de resistência não são efectuados em pasta de cimento puro devido às dificuldades de retração excessiva e subsequente fissuração do cimento puro. A resistência do cimento é determinada indiretamente na argamassa de cimento e areia em proporções específicas. A areia padrão é utilizada para determinar a resistência do cimento. Colocar 555 g de areia normalizada, 185 g de cimento num tabuleiro de esmalte não poroso e misturá-los com uma espátula durante um minuto, depois adicionar água na quantidade P/4 + 3,0 por cento do peso combinado de cimento e areia, misturar bem os três ingredientes até a mistura ficar com uma cor uniforme. O tempo de mistura não deve ser inferior a 3 minutos nem superior a 4 minutos. Imediatamente após a mistura, a argamassa é colocada num molde em forma de cubo com um tamanho de 7,06 cm. A área da face do cubo será igual a 50 cm2. A argamassa é compactada manualmente, de acordo com as especificações padrão, ou num equipamento vibratório (12000 RPM) durante 2 minutos.

Manter o cubo compactado no molde a uma temperatura de **27°C ± 2°C** e a uma humidade relativa mínima de 90 por cento durante 24 horas. Quando não se dispõe de uma sala com temperatura e humidade normais, o cubo pode ser mantido debaixo de um saco de artilharia molhado para estimular 90 % de humidade relativa. Após 24 horas, os cubos são retirados do molde e imersos em água limpa e fresca até serem retirados para ensaio.

Três cubos são testados quanto à resistência à compressão. Nos nossos ensaios, o cimento utilizado é de grau M60 com uma relação a/c de 0,28, o tamanho do cubo formado é de 15X15X15 cm, o volume do cubo é de 3375 cc. Os resultados do ensaio de resistência à compressão do cimento são apresentados no Quadro 3 para a idade da amostra de 1 dia.

Figura 7: Cubo de betão na balança de pesagem

CAPÍTULO 5

RESULTADOS DOS ENSAIOS DOS MATERIAIS UTILIZADOS

5.1 RESULTADOS DOS ENSAIOS DOS AGREGADOS

A Tabela 5 apresenta os vários resultados dos ensaios para os agregados de dimensão 10 mm e os limites especificados de acordo com a especificação MORTH.

Tabela 5: Resultado do ensaio para o agregado de tamanho 10mm

Sno.	Teste	Limites especificados (especificação MORTH)	Resultados dos testes
1.	Valor de impacto ,% em massa	DBC : 24.0 Máx. DBM : 27.0 Max. BM : 30.0 Máx.	19.2
2.	Absorção de água , % em massa	2.0 Máx.	0.78
3.	Índice de flacidez e alongamento, % em massa	DBC, DBM: 30.0 Máx. BM	26.8
4.	Valor de remoção, % em massa	Revestimento mínimo retido 95%	Acima de 95

A Tabela 6 apresenta os vários ensaios efectuados nos agregados e os respectivos limites especificados de acordo com a (IS:383).

Tabela 6: Resultados do ensaio para agregados de 10 mm.

Sno.	Teste	Limites especificados De acordo com (IS:383)	Resultados dos testes
1.	Gravidade específica	-	2.65
2.	Densidade a granel , kg/l	-	1.52
3.	Valor de esmagamento ,% em massa	Para superfícies de desgaste 30 max.	22.8
		Para superfícies não desgastadas 45 max.	
4.	Matérias deletérias, % em		

	massa		
i)	Material mais fino do que 75 mícrones	3,0 máx.	0.82
ii)	Argila e grumos	1,0 máx.	0.31
iii)	Carvão e Ignite	1,0 máx.	0.28
iv)	Total de materiais deletérios	5.0 máx.	1.41
5.	Análise granulométrica, % de aprovação		
	Tamanho do peneiro (mm)		
	40.0	100	100
	20.0	85-100	85.2
	10.0	0-20	8.5
	4.75	0-5	4.1

O Quadro 7 apresenta os vários resultados dos ensaios efectuados em agregados de dimensão 20 mm, de acordo com a especificação MORTH, e o Quadro 8 apresenta os vários resultados dos ensaios efectuados em agregados de dimensão 20 mm, de acordo com a norma IS 383.

Tabela 7: Resultados do ensaio para o agregado de tamanho 20mm

Sno.	**Teste**	**Limites especificados (especificação MORTH)**	**Resultados dos testes**
1.	Valor de impacto ,% em massa	DBC : 24.0 Máx. DBM : 27.0 Max. BM : 30.0 Máx.	14.7
2.	Absorção de água , % em massa	2.0 Máx.	0.72
3.	Índice de flacidez e alongamento, % em massa	DBC, DBM, BM } 30.0 Máx.	12.7
4.	Valor de remoção, % em massa	Revestimento mínimo retido 95%	Acima de 95

Quadro 8 : Resultado do ensaio dos agregados de dimensão 20 mm .

Sno.	Teste	Limites especificados De acordo com (IS:383)	Resultados dos testes
1.	Gravidade específica	-	2.66
2.	Densidade a granel , kg/l	-	1.57
3.	Valor de esmagamento ,% em massa	Para superfícies de desgaste 30 max.	19.2
		Para superfícies não desgastadas 45 max.	
4.	Matérias deletérias, % em massa		
i)	Material mais fino do que 75 mícrones	3,0 máx.	0.22
ii)	Argila e grumos	1,0 máx.	-
iii)	Carvão e Ignite	1,0 máx.	0.32
iv)	Total de matérias deletérias	5.0 max.	0.54
5.	Análise granulométrica, % de aprovação		
	Tamanho do peneiro (mm)		
	40.0	100	100
	20.0	85-100	89.0
	10.0	0-20	1.1
	4.75	0-5	0.4

A gradação dos agregados utilizados na nossa experiência é de 20 mm e 10 mm e a análise da gradação de 20 mm é apresentada na tabela 9.

Tabela 9: Gradação do agregado de 20 mm.

Tamanho do peneiro (mm)	Aprovação (%)			Média de aprovação (%)	Limites (%)
	1	2	3		
40.0	100.0	100.0	100.0	100.0	100.0

20.0	94.0	93.0	93.4	93.4	85-100
10.0	4.7	4.2	4.5	4.5	0-20
4.75	1.1	0.9	0.9	0.9	0-5

A análise da gradação de 10 mm é apresentada na tabela 10.

Tabela 10 : Granulometria do agregado de 10 mm

Tamanho do peneiro (mm)	**Aprovação (%)**			**Média de aprovação (%)**	**Limites (%)**
	1	**2**	**3**		
12.5	99.8	100.0	99.9	99.9	100.0
10.0	91.4	89.2	86.8	89.1	85-100
4.75	1.3	4.1	5.8	3.7	0-20
2.36	0.5	0.5	1.3	0.8	0-5

A análise da gradação dos agregados finos é apresentada no quadro 11.

Quadro 11 : Gradação dos agregados finos

Tamanho do peneiro (mm)	**Aprovação (%)**			**Média de aprovação (%)**	**Limites (%)**
	1	**2**	**3**		
10	100.0	100.0	100.0	100.0	100.0
4.75	94.8	96.2	95.4	95.5	90-100
2.36	82.6	84.3	83.5	83.5	75-100
1.18	72.5	71.5	73.4	72.5	55-90
0.60	50.4	52.2	51.4	51.3	35-59
0.30	20.2	19.8	21.2	20.4	8-30
0.15	4.4	4.6	4.5	4.5	0-10

A análise da gradação combinada do agregado grosso é apresentada no quadro 12.

Quadro 12 : Gradação combinada dos agregados grossos

Peneiras IS (mm)	20 mm		10 mm		Gradação combinada	Limite de acordo com (MORTH Tabela 1000-1)
	100%	60%	100%	40%	% de passes (60:40)	
40.0	100.0	60.0	100.0	40.0	100.0	100
20.0	93.4	56.0	100.0	40.0	96.0	95-100
10.0	4.5	2.7	89.1	35.6	38.3	25-5
4.75	0.9	0.5	3.7	1.5	2.0	0-10

A totalidade da gradação dos agregados testados é apresentada no quadro 13.

Quadro 13 : Tudo em Gradação de agregados

Peneira IS (mm)	20 mm		10 mm		Agregados finos		Tudo em Agregados	Limite de acordo com (IS-383 Tabela-5)	
	100 %	37.2 %	100 %	24.8 %	100 %	38 %	(37.2 : 24.8 : 38)	Inferior	Superior
40.0	100.0	37.2	100.0	24.8	100.0	38.0	100.0	100	100
20.0	67.0	24.9	100.0	24.8	100.0	38.0	87.7	95	100
4.75	4.2	1.6	0.3	0.1	95.5	36.3	37.9	30	50
0.600					51.3	19.5	19.5	10	35
0.150					4.5	1.7	1.7	0	6

5.2 RESULTADOS DOS ENSAIOS DE CIMENTO

Os resultados dos vários ensaios realizados com o betão do tipo M60 utilizado na nossa experiência são apresentados na tabela 14.

Tabela 14: Resultados dos ensaios no betão de grau M60

Sno.	Particularidades	Resultados dos testes	Requisitos da norma IS:12269-1987
1.	Finura (m^2 /kg)	294	225 Min.
2.	Consistência padrão	28.3	
3.	Tempo de regulação (minutos)		
	Inicial	135	30 min.
	Final	230	600 Máx.
4.	Solidez		
	Expansão Le-Chat (mm)	1.5	10,0 Máx.
	Expansão do autoclave (%)	0.050	0,8 Máx.
5.	Resistência à compressão (MPa)		
	72 +/- 1 hora (3 dias)	34.1	27 Min.
	168 +/- 2 horas (7 dias)	44.6	37 Min.
	672 +/- 4 horas (28 dias)	64.2	53 Min.

Os ensaios efectuados no cimento para verificar os requisitos químicos na nossa experiência são apresentados no quadro 15

Quadro 15 : Resultados dos ensaios químicos do cimento de grau M60.

Sno.	Particularidades	Resultados dos testes	Requisitos da norma IS:12269-1987
1.	$\frac{Cao - 0{,}7SO_3}{2{,}8\ SiO_2 + 1{,}2\ Al\ O_{23} + 0{,}65\ Fe\ O_{23}}$	0.87	0,80 Min. 1.02 Máx.
2.	$Al\ O_{23}$ / $Fe\ O_{23}$	1.24	0,66 Min.
3.	Resíduo insolúvel (% em massa)	3.06	5.00 Máximo.
4.	Magnésia (% em massa)	0.97	6.00 Máx.
5.	Anidrido sulfúrico (% em massa)	1.79	3.00 Máx.
6.	Perda total por ignição (% em massa)	2.83	4.00 Máx.
7.	Cloreto total (% em massa)	0.020	0,1 Máx.

O ensaio de resistência à compressão efectuado nos cubos formados apenas com cimento de grau M60 sem quaisquer aditivos após 7 dias é apresentado na tabela 16 e a resistência à compressão dos cubos após 14 dias é apresentada na tabela 17 e a resistência à compressão após 28 dias é apresentada na tabela 18.

Tabela 16 : Resistência à compressão dos cubos após 7 dias.

Sno.	**Cubo no.**	**Peso do cubo (g)**	**Densidade do cubo (g/cc)**	**Resistência à compressão (N/mm)^2**	**Resistência média à compressão (N/mm)^2**
1	1	8502	2.519	15.36	16.24
2	2	8408	2.491	16.50	
3	3	8529	2.527	16.86	

Tabela 17 : Resistência à compressão dos cubos após 14 dias

Sno.	Cubo no.	Peso do cubo (g)	Densidade do cubo (g/cc)	Resistência à compressão (N/mm)^2	Resistência média à compressão (N/mm)^2
1	1	8591	2.545	29.34	27.70
2	2	8573	2.540	24.24	
3	3	8611	2.551	29.53	

Tabela 18 : Resistência à compressão dos cubos após 28 dias.

Sno.	Cubo no.	Peso do cubo (g)	Densidade do cubo (g/cc)	Resistência à compressão (N/mm)^2	Resistência média à compressão (N/mm)^2
1	1	8591	2.545	39.91	39.37
2	2	8573	2.540	38.98	
3	3	8611	2.551	39.24	

CAPÍTULO 6
SIMULAÇÃO E ANÁLISE DE RESULTADOS

6.1 PROCEDIMENTO DE ENSAIO

1. A mistura de ensaio é calculada em primeiro lugar e, em conformidade, é efectuado o processo de dosagem, no qual os materiais utilizados para fazer a mistura são medidos através do processo de dosagem por pesagem. Neste ensaio, são formadas três misturas experimentais, nas quais o cimento é parcialmente substituído por fumos de sílica. No primeiro ensaio, 5% do cimento é substituído, no segundo ensaio, 10% do cimento é substituído e no terceiro ensaio, 15% do cimento é substituído por fumos de sílica.

2. A mistura completa dos materiais é feita para a produção de um betão uniforme. O procedimento de mistura é efectuado por mistura manual, em que é utilizada uma pá para misturar os materiais.

3. Os moldes para cubos são então retirados e limpos corretamente e, em seguida, a mistura é vertida nos moldes em camadas com cerca de 5 mm de profundidade.

4. Cada camada é compactada à mão, utilizando uma vareta de compactação. Cada camada é compactada 35 vezes.

5. Os cubos moldados são então armazenados num barracão, cobertos por sacos de artilharia, durante 24 horas.

6. Os cubos são então retirados dos moldes ao fim de 24 horas e depois colocados em água limpa num tanque de cura durante 7 dias e, em seguida, os cubos são retirados do tanque e o ensaio de compressão é efectuado e novamente após 14 dias e depois após 28 dias.

Figura 8: Cubo de betão em ensaio de resistência à compressão

6.2 Resultados dos ensaios de cubos de betão com substituição parcial de cimento por sílica

Os resultados do ensaio de resistência à compressão realizado nos cubos feitos com a substituição de 5% do cimento por fumos de sílica na nossa experiência após 7 dias são apresentados na tabela 19, após 14 dias são apresentados na tabela 20 e após 28 dias são apresentados na tabela 21.

Tabela 19 : Resistência à compressão de cubos com 5% de substituição de betão por fumos de sílica após 7 dias

S.N.	Número do cubo	Peso do cubo (g)	Densidade do cubo (g/cc)	Carga de rutura (KN)	Resistência à compressão (N/mm)^2	Resistência média (N/mm)^2
1.	1	8548	2.533	999	44.40	52.00
2.	2	8544	2.592	1225	54.44	
3.	3	8570	2.539	1285	57.11	

Tabela 20 : Resistência à compressão de cubos com 5% de substituição do betão por fumos de sílica após 14 dias

S.N.	Número do cubo	Peso do cubo (g)	Densidade do cubo (g/cc)	Carga de rutura (KN)	Resistência à compressão (N/mm)^2	Resistência média (N/mm)^2
1.	1	8545	2.532	1399	62.18	57.41
2.	2	8460	2.507	1135	50.44	
3.	3	8698	2.577	1341	59.60	

Tabela 21: Resistência à compressão de cubos com 5% de substituição do betão por fumos de sílica após 28 dias

S.N.	Número do cubo	Peso do cubo (g)	Densidade do cubo (g/cc)	Carga de rutura (KN)	Resistência à compressão $(N/mm)^2$	Resistência média $(N/mm)^2$
1.	1	8488	2.515	1605	71.33	70.74
2.	2	8644	2.561	1583	70.35	
3.	3	8704	2.579	1587	70.53	

Gráfico 1: Resistência à compressão do betão com 5% de fumos de sílica.

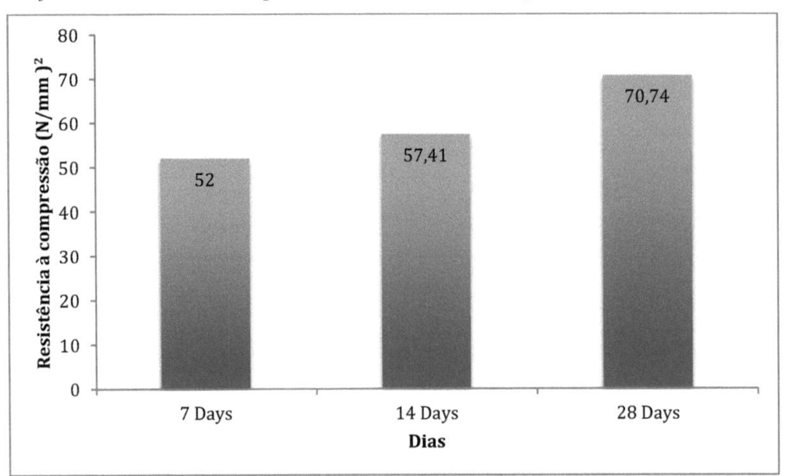

Os resultados do ensaio de resistência à compressão realizado nos cubos feitos com a substituição de 10% do cimento por fumos de sílica na nossa experiência após 7 dias são apresentados na tabela 22, após 14 dias são apresentados na tabela 23 e após 28 dias são apresentados na tabela 24.

Tabela 22 : Resistência à compressão de cubos com 10% de substituição do betão por fumos de sílica após 7 dias

S.N.	Número do cubo	Peso do cubo (g)	Densidade do cubo (g/cc)	Carga de rutura (KN)	Resistência à compressão (N/mm)^2	Resistência média (N/mm)^2
1.	1	8596	2.547	1425	63.33	60.52
2.	2	8390	2.486	1453	64.58	
3.	3	8427	2.497	1207	53.64	

Tabela 23: Resistência à compressão de cubos com 10% de substituição do betão por fumos de sílica após 14 dias

S.N.	Número do cubo	Peso do cubo (g)	Densidade do cubo (g/cc)	Carga de rutura (KN)	Resistência à compressão (N/mm)^2	Resistência média (N/mm)^2
1.	1	8476	2.511	1529	67.95	69.34
2.	2	8470	2.510	1576	70.04	
3.	3	8800	2.607	1576	70.04	

Tabela 24 : Resistência à compressão de cubos com 10% de substituição do betão por fumos de sílica após 28 dias

S.N.	Número do cubo	Peso do cubo (g)	Densidade do cubo (g/cc)	Carga de rutura (KN)	Resistência à compressão (N/mm)^2	Resistência média (N/mm)^2
1.	1	8700	2.578	1707	75.87	75.05
2.	2	8628	2.556	1686	74.93	
3.	3	8526	2.526	1673	74.35	

Gráfico 2: Resistência à compressão do betão com 10% de fumos de sílica.

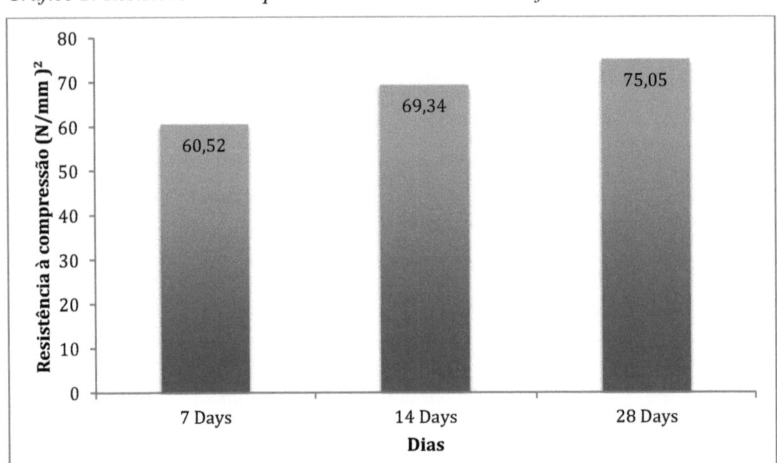

Os resultados do ensaio de resistência à compressão realizado nos cubos feitos com a substituição de 15% do cimento por fumos de sílica na nossa experiência, após 7 dias, são apresentados na tabela 25, após 14 dias são apresentados na tabela 26 e após 28 dias são apresentados na tabela 27.

Tabela 25: Resistência à compressão de cubos com 15% de substituição do betão por fumos de sílica após 7 dias

S.N.	Número do cubo	Peso do cubo (g)	Densidade do cubo (g/cc)	Carga de rutura (KN)	Resistência à compressão (N/mm)²	Resistência média (N/mm)²
1.	1	8638	2.559	1244	55.29	61.13
2.	2	8604	2.549	1408	62.58	
3.	3	8626	2.555	1474	65.51	

Tabela 26 : Resistência à compressão de cubos com 15% de substituição do betão por fumos de sílica após 14 dias

S.N.	Número do cubo	Peso do cubo (g)	Densidade do cubo (g/cc)	Carga de rutura (KN)	Resistência à compressão (N/mm)^2	Resistência média (N/mm)^2
1.	1	8416	2.494	1589	70.62	70.28
2.	2	8440	2.500	1528	67.91	
3.	3	8426	2.496	1627	72.31	

Tabela 27 : Resistência à compressão de cubos com 15% de substituição do betão por fumos de sílica após 28 dias

S.N.	Número do cubo	Peso do cubo (g)	Densidade do cubo (g/cc)	Carga de rutura (KN)	Resistência à compressão (N/mm)^2	Resistência média (N/mm)^2
1.	1	8668	2.568	1887	83.87	81.75
2.	2	8888	2.633	1766	78.49	
3.	3	8408	2.491	1865	82.89	

Gráfico 3 : Resistência à compressão do betão com 15% de fumos de sílica.

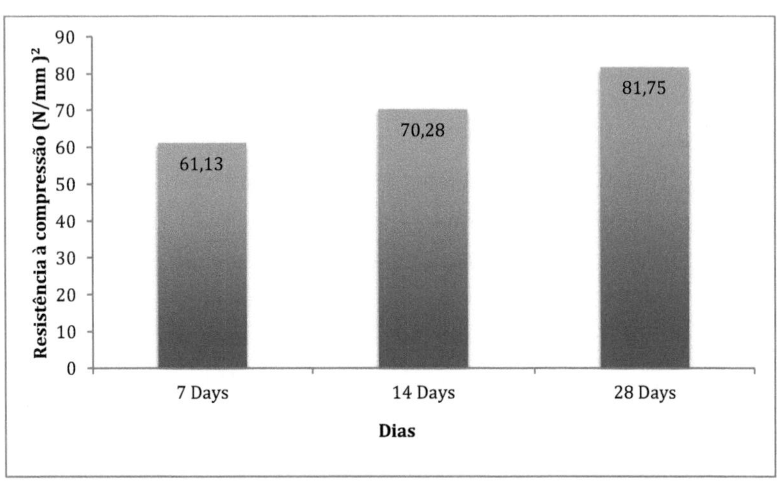
Resistência à compressão (N/mm)²
90
80
70
60
50
40
30
20
10
0
61,13
70,28
81,75
7 Days
14 Days
28 Days
Dias

CAPÍTULO 7
CONCLUSÃO

Gráfico 4 : Comparação da resistência à compressão

Resistência à compressão (N/mm)²
300
250
200
150
100
50
0
61,13
70,28
81,75
60,52
69,34
75,05
52
57,41
70,74
16,24
27,7
39,37
7 Days
14 Days
28 Days
Dias
15%
10%
5%
0%

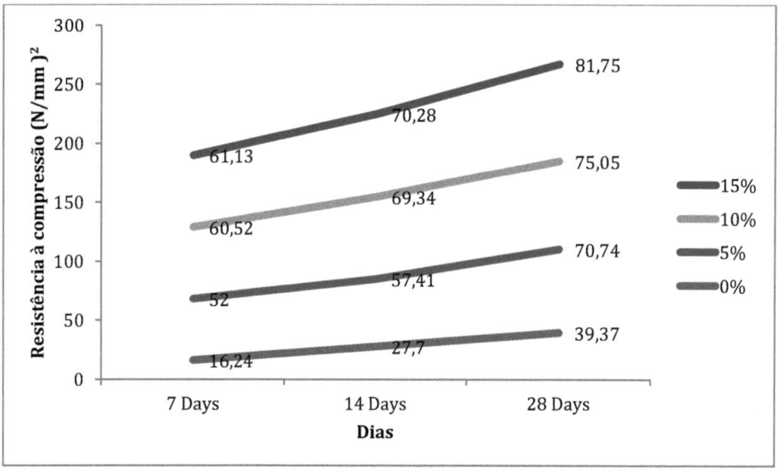

O gráfico mostra claramente que a resistência à compressão dos cubos aumentou muito devido à substituição parcial por fumos de sílica. A resistência máxima é obtida com a substituição de 15% do cimento por fumos de sílica, a resistência à compressão do cubo é tão elevada como 81,75 N/mm^2 em comparação com o cubo de betão sem quaisquer fumos de sílica que foi 39,37 N/mm^2 após 28 dias do envelhecimento do bloco de cubo de betão.

Assim, a substituição parcial do cimento por fumos de sílica é muito eficaz no aumento da resistência do betão em grande medida e é possível obter uma elevada durabilidade e resistência em comparação com o betão sem qualquer mistura.

Assim, o principal motivo é fornecer informações práticas sobre as propriedades de resistência, sustentabilidade e durabilidade dos fumos de sílica e a sua utilização simultânea em pasta, argamassa e betão. Além disso, o objetivo é realizar estudos extensivos para conceber o objetivo geral de testar novos processos de construção sustentáveis e sistemas de produção modernos, destinados a poupar matérias-primas naturais e a reduzir o consumo de energia. Tirando partido das ferramentas e dos materiais de caraterização da nanoestrutura e da microestrutura, a utilização óptima dos fumos de sílica criará uma nova mistura de betão que resultará em estruturas de betão duradouras no futuro.

CAPÍTULO 8
ÂMBITO DO FUTURO

- Esta investigação teve como objetivo examinar a influência da adição de sílica ativa no betão e nos elementos de CCR para as misturas M60, podendo ser alargada a misturas de betão de grau superior com uma relação água/cimento variável
- Os fumos de sílica podem ser parcialmente substituídos de forma eficaz na mistura de betão a utilizar em edifícios de grande altura e em locais onde é necessária uma elevada resistência e durabilidade.
- O betão e os elementos de CCR criados com a utilização de fumos de sílica podem ser testados quanto ao seu desempenho mecânico.

REFERÊNCIAS

[1] Abdulaziz A. Bubshait, Bassam M. Tahir & M. O. Jannadi, "Use of Microsilica in Concrete Construction", Artigo 1996

[2] Faseyemi Victor Ajileye "Investigações sobre Microsilica (Silica Fume) Como Substituição Parcial de Cimento em Betão" Global Journal of Researches in Engineering Civil and Structural engineering Volume 12 Issue 1 Version 1.0 January 2012. ISSN online: 2249-4596 & ISSN impresso: 0975- 5861. PP. 17-23.

[3] N. K. Amudhavalli, Jeena Mathew "Effect of Silica Fume on Strength and Durability Parameters of Concrete" International Journal of Engineering Sciences & emerging Technologies, August 2012, Volume 3, Issue 1, pp: 28-35.

[4] Des King "The Effect of Silica Fume on the Properties of Concrete as defined in Concrete Society Report 74, Cementitious materials" 37th conference on our world and structures 29-31 August 2012, Singapore. Artigo online ID- 10037011.

[5] Vikas Srivastava, V.C. Agarwal e Rakesh Kumar "Effect of Silica Fume on Mechanical Properties of Concrete" Vol. 1(4) September 2012, J. Acad. Indus Res. Vol. 1(4) September 2012 176, ISSN:2278-5213

[6] Debabrata Pradhan, D. Dutta " Effects of Silica Fume in Conventional Concrete" Debabrata Pradhan et Al International Journal of Engineering Research and Applications. ISSN:2248-9622, Vol. 3, Issue 5, SepOct 2013

[7] Alaa M. Rashad, Hosam El-Din H. Seleem, and Amr F. Shaheen "Effect of Silica Fume and Slag on Compressive Strength and Abrasion Resistance of HVFA Concrete" Vol.8, No.1, pp.69-81, March 2014 DOI 10. 1007/s40069-013-0051-2, ISSN1976-0485 / eISSN 2234-1315.

[8] Prof. Vishal S. Ghutke, Prof. Pranita S.Bhandari "Influence of Silica Fume on Concrete". 2014. IOSR Journal of Mechanical and Civil Engineering (IOSRJMCE), e-ISSN: 2278-1684, p-ISSN:2320-334X, PP 44-47.

[9] IS 10262:2009, "Guidelines for Concrete Mix Design". Bureau of Indian Standards, Nova Deli, Índia.

[10] IS 456:2000, "Plain and Reinforced Concrete-Code of Practice". Bureau of Indian Standards, Nova Deli, Índia. [11] IS 383:1970, "Specification of Coarse and Fine Aggregate from Natural Sources for Concrete". Bureau of Indian Standards, Nova Deli, Índia.

Printed by Books on Demand GmbH, Norderstedt / Germany

Printed by Books on Demand GmbH, Norderstedt / Germany